ELOGE

HISTORIQUE

DE

LA CHASSE.

PAR M. BENETON DE PERRIN.

A PARIS;

Chez

MOREL le jeune, grand'Salle du Palais au grand Cyrus.
GONICHON, rue de la Huchette.
BRIASSON, rue S. Jacques, à la Science.
GUILLAUME, Quay des Augustins à Saint Charles.

M. DCCC. XXXIV.

Avec Approbation & Privilege du Roy.

ELOGE
HISTORIQUE
DE LA CHASSE.

Et ait (Deus) faciamus hominem ad imaginem & similitudinem nostram, & præfit piscibus maris, & volatilibus cœli, & bestiis, universæque terræ, omnique reptili quod movetur in terra. (Gen. c. 1.)

L'HOMME créé à l'image & à la ressemblance de son Dieu, ne devoit pas manquer d'être doüé des perfections & des belles connoissances dont ce divin Créateur est la source.

A

Notre premier Pere , dans son état d'innocence , étoit né pour commander à tous les animaux qui devoient (selon l'expreſſion de l'Ecriture) être ſaiſis de crainte , & trembler en ſa préſence : *Et terror veſter , ac tremor ſit ſuper cuncta animalia terræ.*

Mais par ſa faute il ſe dépoüilla bien-tôt de cette puiſſance , & ſa déſobéïſſance réduiſit ſes enfans dans la néceſſité de défendre leur vie contre des bêtes qui leur devinrent ennemies , comme une marque continuelle & ſenſible que le peché de ce premier Pere les diſpenſoit de ſe ſoumettre à cette ſuperiorité humaine où Dieu les avoit aſſujetties en les créant.

Les premiers exploits des hommes furent donc de chercher à détruire les animaux feroces qui leur étoient nuiſibles ; par cette raiſon il faut conclure que la Chaſſe eſt la plus ancienne de toutes les occupations, & qu'elle a toujours été une veritable image de la guerre : *Videtur hæc esse veridissima rerum bellicarum meditatio.* (Xenophon de Venat.)

Les termes de Chasse & de Guerre devroient avoir une étymologie commune , puisque l'une & l'autre de ces choses a commencé dans le monde par la destruction que chaque être particulier a cherché à se faire.

Je ne déciderai point sur ce qui a produit le mot François de Chasse ; des Auteurs le tirent de *Casnar*, qui en vieux Celtique signifioit celui qui poursuit quelque chose ; d'autres le font venir de l'Italien , *Caccia* & *Cacciare* ; mais c'est un synonime de notre terme de Chasse , selon la prononciation de ce Pays , eux & nous l'avons pris d'ailleurs.

Il est vrai que l'on trouve *Caciare* pour chasser , dans les Capitulaires de Charles le Chauve. *Cassia* , ou *Chasia* s'employoit dans la basse La-

tinité pour *Venatio*, mais de dire d'où
& comment cela s'est fait , voilà la
difficulté.

Si l'on n'a point été certain du
terme dont les Germains & les
Gaulois se sont servis pour expri-
mer l'action de la Chasse , n'auroit-
on pas mieux fait d'en employer
pour cela d'autres , tirez des Ver-
bes Latins , *Capere*, *Captare* , qui si-
gnifient enlever, prendre de force,
& qui me semblent assez bien convenir à ce qu'un Chasseur se pro-
pose de faire dans son exercice.

Quoiqu'il en soit, après que l'I-
dolâtrie se fut répanduë par toute
la terre, & que les hommes se furent faits des Dieux de toutes les
parties de l'Univers , & de toutes
leurs passions, bonnes & mauvai-
ses ; en personnifiant ces choses
pour leur donner des noms , la
Guerre & la Chasse eurent les
leur , Mars & Bellone furent ceux
de l'une de ces actions , & Apol-

lon & Diane ceux de l'autre.

Les deux Divinitez chasseresses furent fort bien imaginées ; car n'étant autres choses que le Soleil & la Lune, on ne pouvoit pas faire de choix d'Astres plus necessaires pour favoriser les Chasseurs, tant de jour que de nuit. Les Arbres & les Forêts ne furent pas oubliez dans l'établissement d'un culte pour chaque partie de la nature déïfiée ; & celui-ci commença dans la Phenicie, le Pays étant rempli de Bois sacrez, qui se nommoient les *Hauts Lieux.*

On voit par l'Histoire des Rois de Juda & d'Israël, que les plus religieux de ces Princes faisoient abbattre soigneusement ces Bois, pour ôter de devant leurs Peuples tout objet d'Idolâtrie.

Les Chasseurs ne devoient pas manquer d'aller prier dans ces Hauts Lieux, qui leur fournissoient encore de nouvelles Divinitez ; car on adoroit tout ce qu'on croyoit pouvoir influer fur la profeſſion dont on étoit, & le Chaſſeur dévot recouroit également aux Dieux des Bois, des Fleuves & des Montagnes.

Une paſſion auſſi grande & auſſi générale qu'a toujours été la Chaſſe chez tous les Peuples de la terre, n'a pû manquer d'être déïfiée des premieres ; & ceux qui en étoient poſſedez multiplierent cette Divinité de leur art pour avoir plus de patrons, ou l'aſſocierent avec d'autres neceſſaires à ſa réüſſite.

Depuis les Nations les plus barbares juſqu'aux plus policées, toutes ſe ſont adonnées à la Chaſſe

Nembrod, petit-fils de Noé, eſt appellé par l'Ecriture, puiſſant Chaſſeur, *potens Venator coram Domino.*

Son ambition lui fit mériter ce titre ; il ſçût le premier attirer les hommes ſous ſa domination, & il arrêta leur liberté comme dans un filet, ainsi qu'il arrive aux ani-maux qui se laissent prendre à ces fortes de piéges.

Ismaël, fils d'Abraham, fut un autre Chasseur, très-habile à tirer de l'arc. *Qui crevit & moratus est in solitudine, & factusque est Juvenis sagittarius;* ce qui le rendit homme fier & fa-rouche, qui aima à lever la main contre tous, c'est-à-dire, qui cher-choit continuellement à se battre : *Hic erit ferus homo, manus ejus contra om-nes.*

Esaü, frere aîné de Jacob, étoit aussi habile dans l'art de chasser : *Esau vir gnarus venandi, & homo agricola.*

Si des Hebreux & des Arabes on passe aux Grecs & aux Romains, on verra que ces deux Peuples aimoient aussi la Chasse ; ils la regardoient comme une chose qui procure tout à la fois la santé & la réputation. Horace étoit du sentiment, qu'elle donne une longue vie à ceux qui s'en occupent.

—————— tu cede potentis amici
Lenibus imperiis ; quotiesque educet in
    agros
Æolis onerata plagis jumenta canesque,
Surge, & inhumanæ senium depone ca-
    menæ ;
Cænes ut pariter palmenta laboribus
    empta :
Romanis solenne viris opus, utile famæ,
Vitæque & membris ; præsertim quam
    valeas, &c

Les Poëtes nous representent les Dieux & les Heros de leur tems, comme de grands Chasseurs : cet exercice couta la vie à plusieurs de ces derniers.

Adonis meurt à la Chasse ; la Phenicie & l'Egypte retentissent des cris qui se font à ses funerailles, & l'anniversaire de cette mort donne naissance à la Fête la plus mysterieuse de la Religion Payenne.

Meleagre périt au pied du monf-

Hor. L. 1. *Ep.* 18.

trueux Sanglier des Bois de Caly-
don.

Hercule va combattre le fu-
rieux Lyon de la Forêt de Nemée.
Diane dans Oppien * est invitée
de chanter les combats des Bêtes
feroces & des Chasseurs, & à parler des differentes especes de
Chiens & de Chevaux propres à
ces Chasses.

Μέλπε μόθοις Θηρῶν τε, ἢ ἀνδρῶν ἀγρευτήρων,
Μέλπε γεύη σκυλάκων τε, ἢ ἵππων αἰόλα φύλα

Cette Déesse aimoit si fort
ses chiens, qu'elle couronnoit
dans une solemnité annuelle à la
fin de chaque Automne, ceux qui
avoient le mieux fait leur devoir.
Outre cela, elle leur imposoit des
noms convenables à leurs inclina-
tions: c'est en suivant cet exemple
que Xenophon, dans son Livre
de Venatione, s'est appliqué à nous
donner la signification de beau-

* *Oppien L.* 1.

coup de ces noms de chiens , tels qu'on les leur donnoit dans son tems.

Quiconque entendroit bien le vieux langage Gaulois, verroit que ceux de *Mirau*, *Brifau*, & autres semblables que portent présentement nos chiens de chasse , n'ont signifié autre chose que l'Arrêteur, le Pilleur , &c. toutes qualitez propres à ces chiens. Je renvoye mes Lecteurs qui voudront dans la suite nommer les leur avec connoissance de cause , à l'Ouvrage de Xenophon , que je viens de citer. Le même Auteur , au commencement de son Livre , dit que Chiron reçut des Dieux en récompense l'adresse de chasser , & qu'il forma ensuite par cet exercice les plus grands guerriers de son tems , tels que Cephale , Nestor , Thesée , Hyppolite , Castor , Pollux , Pala-mede , Ulysses & Achille.

On voit dans la Vie de Thesée ,

par Plutarque , que ce Heros tua un infigne Voleur nommé *Sinnis*, qui avoit l'adreffe de ployer des arbres pour lui fervir de trébuchet à prendre les Paffans.

La Chaffe , felon Pline , a donné naiffance aux Etats Monarchiques : voici à peu près comme il rapporte la chofe. » Dans les pre-
» miers tems, les hommes ne pof-
» fedoient rien en propre ; ils vi-
» voient fans crainte & fans en-
» vie : & n'ayant d'autres ennemis
» que les bêtes fauvages, leur feu-
» le occupation étoit de les chaffer ;
» deforte que celui qui avoit le
» plus d'adreffe & de force fe ren-
» doit le chef des Chaffeurs de fa
» contrée, & les commandoit dans
» les affemblées qu'ils faifoient,
» pour faire un plus grand abbati
» de ces bêtes ; mais enfuite ces
» troupes de Chaffeurs vinrent à fe
» difputer les lieux les plus abon-
» dans en Gibier , ils fe battirent ,

» & les Vaincus demeurerent affu-
» jettis aux Vainqueurs. » C'eſt
ainſi que ſe formerent les Domina-
tions. Les premiers Conquerans
furent des Chaſſeurs, & commencerent par-là à ſe rendre fameux :
c'eſt ce qui fit donner à Bacchus,
qui conquit les Indes en chaſſant,
& faiſant bonne chere, le nom de
Sabazius, qui revenoit à celui de
ZABAOTH, ou de Dieu des Armées :
qualité que les Hebreux donnoient par une plus juſte raiſon à
la Divinité ſuprême.

Un Antiochus, Roi de Syrie,
fut ſurnommé Sidites ; mot dérivé
de l'Hebreu TSADA, ou du
Syrien Zidah, ou Zadat, qui
ſignifioit également un Guerrier
& un Chaſſeur ; ce qui fait que
le Prophete Ezechiel (32. 30.)
donne ce nom à tous les Princes
Etrangers, qui s'étoient rendus
le fleau des Juifs en leur faiſant
la guerre.

On voit par ce que je viens de dire, que les premiers Habitans du monde n'eurent point d'autre métier que celui de Chasseur : combien voyons - nous encore de Peuples qui ne subsistent que de la Pêche & de la Chasse, & sçavent par ces seules occupations se procurer tous les besoins de la vie ? Les Lapons négligent la culture de leur terre , pour ne vivre que de Gibier & de Poissons, trouvant suffisamment , même dans la derniere de ces choses , de quoi se nourrir, s'habiller, se chauffer, & ne bâtissent leurs maisons que d'os- semens de poissons. Presque tous les Tartares ne subsistent aussi que de leur Chasse & de leurs Haras, mangeant leurs chevaux & buvant le lait de leurs cavales quand le gibier leur manque.

Les Lettres curieuses qui nous viennent des Peres Jesuites Missionnaires à la Chine, contiennent des relations de Chasses faites par des armées entieres de plusieurs milliers d'hommes. Elles sont très-fréquentes chez les Tartares Mongoules ; ils les commencent en faisant l'enceinte d'un grand territoire avec des hommes qui se rapprochent ensuite à petit pas, gardant toujours leur position circulaire, se serrent & forment à la fin une espece de muraille vivante , où se trouvent renfermées des quantitez prodigieuses de bêtes fauves ; de façon que ceux pour qui la Chasse se fait n'ont qu'à entrer dans ce parc embulant , & y tirer à discretion sans beaucoup de peine.

On fait aussi dans notre Europe de ces battuës , mais avec bien moins d'hommes ; & quand par ce moyen on a rassemblé tous les animaux d'un territoire considerable dans un plus petit, on entoure ce dernier avec des toiles qui paroissent de veritables murailles aux yeux de ces animaux. Nous tenons cette Chasse aux toiles des Allemands, qui avant que d'avoir l'usage de forcer les bêtes à la course, ne laissoient pas de faire des Chasses très-meurtrieres par leurs battures & triquetracs.

Les Indiens de l'Amerique menent à peu près la même vie, chassant continuellement, pendant que leurs femmes font tout ce qui est à faire dans les maisons. Quand ces Sauvages entreprennent de longs voyages, ils ne comptent pour leur subsistance que sur les fruits que la Nature leur offre liberalement par tout, ou sur les bêtes qu'ils pourront tuer chemin faisant. De tout cela rassemblé, il en résulte qu'on peut bien assurer que la moitié des habitans du monde ne vivent encore que de la Chasse.

Les Germains & les Gaulois, nos ancêtres, ne vivoient point autrement; & comme leurs usages doivent plus nous toucher que ceux des autres Peuples , examinons quels étoient les ieurs sur la Chaſ-ſe : il eſt certain qu'ils aimoient beaucoup cet exercice , & le cou-rage qu'ils avoient naturellement les faiſoit penſer qu'après celui de la guerre rien ne l'égaloit. Ils s'at-troupoient pour courir continuel-lement , ou ſur leurs ennemis, ou ſur les bêtes dont leur Pays étoit rempli , pourſuivant celles ci à tra-vers tous les dangers & les obſta-cles qu'ils pouvoient rencontrer ſur leur paſſage , comme les rivieres & les montagnes les plus inacceſſi-bles. Le reſpeſt qu'ils avoient pour les Bois qui leur ſervoient de Tem-ples , ne les empêchoit pas d'y en-trer en pourſuivant les animaux juſqu'au pied des Chênes ſacrez , qui étoient l'objet de leur culte, & dont ils n'auroient oſé approcher dans toute autre occaſion qu'avec une ſainte frayeur.

Quant

Quant à la maniere dont ils chaſ-
ſoient, ils y employoient deux choſes à la fois.

La Ruſe, pour faire donner les
bêtes dans les piéges, & les armes
pour les attaquer à force ouverte;
d'autres Peuples avant eux avoient
agi de même. On mettoit le feu au-
tour d'un bois ou d'un champ couvert de grandes herbes, pour y
raſſembler au milieu les bêtes
qu'on vouloit avoir, & qui par ce
moyen ſe trouvant épouventées,
& preſque étouffées, auroient pû
ſe prendre ſans coup frapper. Sam-
ſon ruina la moiſſon des Philiſ-
tins, en attachant des torches allu-
mées à la queuë de pluſieurs Re-
nards.

Les Piéges, à prendre les animaux carnaciers, ſe faiſoient, comme cela ſe fait encore en beaucoup
de Pays, par des foſſes recouver-
tes légerement de branches d'arbres & de terre.

B

Les Romains ufoient d'un piége affez plaifant, qui étoit de mettre des Miroirs fur les routes que tenoient ordinairement les animaux dangereux, & pendant qu'un d'entr'eux s'amufoit à confiderer fon femblable qu'il croyoit voir dans le Miroir, les Chaffeurs cachez derriere ou fur les arbres des environs le tiroient à leur aife. Le Sepulchre des Nafons découvert près de Rome, & qui fe trouve reprefenté dans les Antiquitez de Grévius, fournit un exemple de cette rufe de Chaffe, laquelle eft confirmée par un Paffage de Claudien.

Le premier objet du culte des Gaulois, à l'exemple des plus anciens Peuples, fut l'Univers entier. Ils adorerent enfuite féparément toutes les parties de cet Univers, commençant par le Ciel, & furtout par les Aftres, comme le Soleil & la Lune, fe faifant ainfi diſ-

ferens Dieux de ce genre. Ils s'en
firent d'autres de la Terre, distinguant les Montagnes, les Fleuves
& les Forêts, divinisant toutes ces
choses sans néanmoins d'abord les
personnifier, ni les representer
sous la forme humaine, les ado-
rant telles qu'elles étoient naturellement, & furent par consequent
long-tems à ne prier que les Arbres, les Montagnes, les Lacs, &
même de grosses Pierres brutes,
sans se figurer tout cela sous des
amblêmes. Ce ne fut que par la
connoissance qu'ils eurent des Romains, qu'ils se firent des Statuës
de ce qu'ils adoroient, donnant
des noms significatifs dans leur
langage aux choses dont ces Statuës étoient le symbole. Ainsi malgré la grossiereté des mœurs que
ceux qui les soumirent leur attri-
buoient, ils étoient moins idolâ-
tres qu'eux, n'ayant commencé à
adorer des figures d'hommes que

peu de tems avant d'être subjuguez
Cesar leur étant venu faire la guerre : alors ils donnerent à leurs Divinitez naturelles les noms de celles réverées par leur Vainqueur, ne
se servant néanmoins des noms de
Jupiter, de Mars ou de Mercure que
parce qu'ils crurent pouvoir également désigner les choses qu'ils
avoient déja déïfiées , comme les
Astres, les Elemens, & quelques-
unes de leurs passions ; ensorte que
l'Amour , la Fortune, le Commerce, la Guerre, la Chasse, &c. qui
chez les Romains s'appelloient
Venus, Junon, Mercure , Mars
& Diane, furent representées par
nos Gaulois sous la même forme
que ces Déïtez l'étoient dans Rome : elles eurent seulement chacune plusieurs noms , tirez des
langues Celtique & Latine ; mais
malgré cela, on sçavoit assez que
ces differens noms n'étoient faits
que pour signifier une même chose.

Par exemple, la figure du Soleil
se nommoit tantôt Apollon, & tantôt Abellio ou Belenus.

Celle de la Lune Diane & Har-
duina.

Celle du Commerce, Mercure
& Ogmius.

Et celle de la Guerre, Mars &
Hesus.

L'Auteur du Livre de la Religion des Gaulois a pensé sur cela
comme moi : je trouve seulement
qu'il a été un peu trop favorable à
nos Peres, en prétendant que par
le culte qu'ils rendoient aux Arbres ils n'avoient intention que de
le rendre à l'Etre suprême, connu
par les premiers Patriarches, &
l'application qu'il en a faite avec le
Chêne de Mambré, où Dieu parla
à Abraham, est une probabilité
bien foible pour appuyer son idée,
que ce Chêne du Pays de Canaan
a été l'origine du culte que tous les
Habitans du Nord ont rendu à de

ſemblables Arbres par une tradition qui s'étoit étenduë & défigu-
rée par le tems ; il étoit même inu-
tile qu'il appuya ſi fortement ſur
cette idée par pluſieurs répetitions.

L'uſage de ſymboliſer ſous des
formes humaines , & avec des noms
particuliers , tout ce qui étoit objet
d'adoration étoit déja établi dans
les Gaules lorſque Ceſar y entra ,
comme il paroît dans les Commentaires de ce Prince. Il devoit donc y avoir dans ce Pays une
Divinité reclamée pour la Chaſſe ;
car cette paſſion étoit ſi dominante
parmi le Peuple qui l'habitoit , qu'il
y avoit une Loi pour condamner à
une amende les jeunes hommes ,
qui faute de s'exercer le corps par-
venoient à la groſſeur d'exceder
une certaine meſure.

Cette Divinité chaſſereſſe étoit
la Lune , nommée differemment ,
par les raiſons que j'ai dites cy-deſ-
ſus , & par des noms dont la ſigni-

fication de quelques-uns ne nous est pas trop bien connuë, & qui se perdirent après que la figure nommée Diane, qui symbolisoit cette Planette parmi les Conquerans du Pays, y eut été adoptée sous le même nom, & pour signifier la même chose chez les Vaincus.

Les principales Divinitez des Germains & des Gaulois étoient Hesus, Teutates, Belenus, Camulus, Taranis, Alces ou Alcis, Isis, Evrissa, Ardhuina & Nehalennia.

Ce seroit un examen assez curieux à faire, pour sçavoir si ces Dieux & Déesses avoient pris origine dans le Pays, ou si ils y avoient été apportez d'ailleurs au retour des longues courses que les Gaulois avoient faites dans la Grece ou dans l'Italie. Je suis entré dans cette incertitude au sujet d'Hesus, & j'aurai peut-être occasion de faire ſur tous les autres Dieux des Gaules le même examen que je vais faire ſur ce qu'on doit penſer de ce Dieu de la Guerre, qui ſe confondit dans la ſuite avec Mars.

Heſus ou Heſos étoit le Dieu du Feu chez les Locriens, Peuples de la Grece qui habitoient entre la Bœotie & la Theſſalie; leur Ville principale portoit ce nom. Une de leur Colonie étant venuë s'établir en Italie dans ce qu'on nomme aujourd'hui Campanie au Royaume de Naples, ils donnerent à la Montagne enflammée, qui eſt dans ce Pays, le nom de leur Dieu Heſus; d'où eſt venu à ce Volcan par corruption le nom de Veſuve, qu'il portoit déja dès les tems de Diodore de Sicile & de Pline. Le premier de ces Auteurs l'appelle indifferemment, *Mons Flegreos*, ou *Veſuvios*, termes ſignifiant également l'ardent ou l'enflammé.

L'Enfer des Payens contenoit le Fleuve

Fleuve Phlegeton , nommé ainſi
autant dans la ſuppoſition qu'il
étoit d'un feu coulant , que dans
celle qu'il étoit entretenu par les
larmes que répandoient ceux qui
erroient ſur ſes bords.

De Heſus on a pû faire naturellement Feſſus veſus veſuvi ; d'où
en ajoûtant la finale us , s'eſt fait
Veſuvius. On ſçait aſſez que la premiere lettre d'un mot radical , ſurtout de celles qui s'aſpirent , ſe
changent ſouvent ſelon la diſpoſi-
tion des organes de ceux qui les
prononcent , & qu'à ce mot radical on y ajoûte les finales qu'on y
veut , ſelon la mode de l'idiôme
de chaque Peuple qui prend ce
mot : par là il eſt probable que le
Mons Veſuvius , nommé ainſi par
les Locriens d'Italie , en mémoire
de leur Dieu Eſus , qu'ils ſuppo-
ſoient par ſa nature avoir une
grande influence ſur ce Mont em-
braſé , donna occaſion aux Gau-

C

lois, qui s'avancerent dans le Pays
où il étoit, lorſqu'ils furent aſſieger
le Capitol de Rome, de rapporter
chez eux la connoiſſance & le culte de ce Dieu, ſymbole de l'Ardeur, & d'en faire pour cela celui
de la Guerre.

THOR ou TARAN étoit le Maître
du Tonnerre & des Orages, ce
que Voſſius, dans ſes Origines de
l'Idolâtrie, appelle en Grec βρον-
ταῖον & en Latin *Tonantem*. Par là
on voit que s'étoit la même choſe
que ce que les Romains appelloient Jupiter ; auſſi quand les Germains, & autres Peuples du Nord
eurent connu ce Dieu Etranger, &
apperçu que ſa puiſſance étoit la
même que celle de leur Taranis,
ils joignirent leurs cultes, & n'en
firent qu'un qu'ils attacherent au
même jour de la ſemaine, qui étant
le *Dies Jovis* des Latins, fut dit par
les autres *Tonder*, ou *Donder-dag*
Ce jour là on alloit adorer Thor

fur les plus hautes Montagnes:
coutume qui se conserve encore
chez les Lapons, qui vont honorer
dans des lieux inaccessibles leur
Dieu *Stor - Junkàre* , qui est sans
doute le même que l'ancien Taranis, Maître des Orages, par la vertu duquel les Norvegiens d'aujour-
d'hui disposent encore des vents en
faveur de ceux qui navigent sur
leurs côtes.

Toutes les Divinitez Gauloises,
que j'ai nommées cy-dessus, étoient
ou naturelles , ou topiques , les
unes prenant soin des biens de la
terre , & les autres dominant sur
les affections humaines; ainsi elles
étoient tout à la fois les tutelaires des
lieux , les gardiennes de ce que ces
lieux produisoient, & régissoient les
actions de ceux qui les habitoient.

Dans les Pays de Montagnes, on
reclamoit un Wodon ou Vosogus,
un Penin , un Sylcïanus.

Les deux premiers ont donné

leur nom aux Montagnes de Vauges en Lorraine , & aux Alpes de la
Savoye , dites Penines.

Le troisiéme protegeoit les Habitans des Montagnes d'Auvergne,
du Vivarais & du Forêt , & a laissé
son nom à un Lieu de cette derniere
Contrée , qui se nomme encore
par corruption Soleyan , ou Solei-
lan.

Il falloit que le Wodan , dont je
parle , fut chez les Germains le
Dieu du Ciel , celui que les Grecs
appelloient Jupiter , puisqu'après
que les Allemands furent devenus
Chrétiens , ils conserverent ce nom
pour le donner au vrai Dieu , qu'ils
nommerent Wot , ou Got. On
sçait que dans leur Langue le G. se
substituë à l'W double , & le T. au
D. ils n'ont fait que retrancher la
syllabe finale.

C'est de ce Dieu des Hauts-
Lieux , qu'un Pays situé dans une
autre partie voisine des Alpes Peni-

nés , appellé Graïe , prit à cause de lui le nom de Graï-Vaudan , ou Graïsivaudan. Il fut encore le Jovis , ou le Jou , qui communiqua ce nom au Mont-Jou ou Jura en Suisse , & le Pyr ou Pyré , de qui furent appellées les Pyrenées. Ces differentes dénominations d'une même Divinité venoit , comme je l'ai déjadit , du mélange qui se fit de la Theogonie Romaine avec la Gauloise.

M. Spon , dans son Histoire de la Ville de Geneve , parle d'un Sylvanus , patron des Bateliers du Rhone & du Lac Léman. Cette Deïté , symbole de l'Eau , pourroit bien être la même que le Syleïanus du Pays de Forêt ; & si cela étoit , on en tireroit la preuve , que ce n'est pas sur une fausse tradition qu'on prétend que la partie de ce petit Pays , qu'on nomme la Plaine , a été autrefois un grand Lac , dont les Eaux retenuës par les

Montagnes qui l'environnoient,
trouverent à la fin moyen de s'é-
couler par l'ouverture où passe
présentement la Loire: ce qui fut
l'ouvrage de quelque grand trem-
blement de terre.

APOLLINO, autre Divinité locale,
differente du Soleil, ou de l'Apollon des Grecs, étoit encore reclamée dans le Velay, le Gevaudan
& les Cevenes. On l'adoroit dans
un Temple fameux de ces Provinces, qui retint son nom, & le donna à un Château bâti sur ses rui-
nes, qui l'a communiqué aux des-
cendans d'une famille illustre de
Druïdes, qui ayant exercé long-
tems & hereditairement la Prêtrise
de ce Dieu, fut nommé pour cela
les Apollinaires, & qui acheva
de devenir celebre après qu'elle
eut donné des Prefets du Pretoire
des Gaules, & de sçavans Prélats
dans les personnes de saint Sidoine
Evêque d'Auvergne, & de saint

Gregoire Evêque de Tours.

Les Vicomtes de Polignac prétendent venir de ces Apollinaires, qui subsisterent long-tems dans la ville de Lyon, comme l'a fait voir le Pere Meneſtrier dans ſon Hiſtoire Conſulaire de cette Ville. & j'aurai occaſion de montrer ce qui peut fortifier cette prétention, qui n'eſt pas ſans fondement, malgré ce que le Pere Sirmond a dit contre dans ſes Commentaires ſur les Ouvrages de *Sidonius Apollinaris.*

NEHALENNIA étoit la Déeſſe des Eaux ; ſon nom peut s'expliquer en Grec de deux façons, qui conviennent également à le prouver. Neha ſignifie Gouffre, & Helennia de l'Eau. Les Anciens ſe ſervoient du dernier de ces termes, pour déſigner ceux qui habitoient des Pays où l'on ne pouvoit aller qu'en paſſant la Mer. Les Juifs qui demeuroient en Grece, furent appellez Helenniſtes par ceux de leur

Nation qui demeuroient en Pa-
leſtine, non pas ſeulement à cauſe
de l'Helleſpont (dit ainſi d'Hellé,
fille d'Athamas) qui les ſéparoit;
ni encore à cauſe du nom de Lelex
ou Lelege, que porterent les premiers Grecs, mais, comme je le
viens de dire, parce que le terme
de Helennia exprimoit une ſitua-
tion au milieu des Eaux, ou au de-
là d'une Mer.

Le nom de *Nehalennia* peut encore s'appliquer à la Déeſſe des
Bornes, que l'on auroit pû marier
avec le Dieu Terme. Et comme
dans la Réligion Payenne, toutes
choſes ſe perſonnifioient pour être
diviniſées enſuite plus aiſement;ain-
ſi de même que des pierres qui bor-
noient les Champs, on avoit fait un
Dieu Terme qui ſe repreſentoit par
une Colonne, ou un Pilaſtre ter-
miné en tête d'homme, on fit auſſi
de ſemblables Colonnes à tête de
femme, ou des ſtatuës entieres de

çe sexe qui se plaçoient sur les Rivages pour marquer jusqu'où montoient les marées, & l'on donna à ces Colonnes ou Statuës le nom de Nehalennia, en les faisant le simbole de la Déesse des Rivages; le changement continuel qui arrive sur les bords de la Mer, par la violence des vents qui la pousse dans les terres plus basses qu'elle, fit que dans les païs sujets aux inondations, & que pour cela on est obigé de border de Dunes, comme l'ancienne *Batavie*, dont la Hollande d'apresent est une partie. Cette Déesse *Nehalennia* y fut en très-grande vévération; il ne faut donc pas s'étonner si dans ces derniers temps on a trouvé dans cette Hollande & sur tout tout dans la Zélande beaucoup d'Idoles de cette Deïté, puisqu'elle étoit considerée comme la Gardienne de ces Païs environnées des Eaux.

Dans les Provinces occidentales

des Gaules on honoroit un Dieu
HARUS dont nous avons quelques
Médailles que l'on a mal à propos
attribué à l'Hercule Gaulois, Harus étoit le Dieu des Bornes. *Ars*
ou *Hars*, en vieil Armoriquain fignifioit les pierres qui fe mettoient
pour féparer les Champs, & ce Dieu
Harus fut fi confideré qu'on joignit
à fon nom le titre de Μάκκος,
fi commun chez les Bretons, & les
Iberniens pour dire le Maître, ou
le Roy dont avec le temps fe forma celui de *Machar* & de *Maces* qu'-
eut ce Dieu, qui a laiffé fon nom
ainfi défiguré au village de *Condru-
Macouar*, placé fur les limites de
l'Anjou & du Poitou ; cette déno-
mination de Macouar ne doit pas
s'expliquer, comme on pourroit le
croire, par Mocou le brûlé, ou par
l'Autel de Mocou, puifqu'elle ne
vient ni *d'Ara* ni *d'Aráe*.

Il refte à décider à quelle Divi-
vinité de la Nature on avoit re-

cours, pour l'implorer sous ce nom
de *Nehalennia* contre les dangers de
l'Eau : il est à croire que c'étoit la
Lune , que les Phisiciens disent
être de toutes les Planettes celle qui
influë le plus sur cet *Element* ; c'est à
elle qu'on attribuë depuis long-
tems le gonflement & le flux jour-
nalier des Mers : On peut donc
conclure de-là que notre *Nehalennia*
étoit la même que la *Diane* des Romains , & que l'effet que cet Astre
cause sur les Eaux renouvellé chaque mois fit donner au Symula-
chre qui le representoit ce nom de
Nehalenne , comme qui auroit dit
l'objet qui influë de nouveau *Néus*,
voulant dire *Novus*.

Nehalennia étoit si bien la Lune ,
que je croi que c'est de-là que les
Matelots Hollandois ont conservé
jusqu'à présent la mode de porter
des petits Croissans d'argent en
Pendans d'oreilles , quoique *Van-
Loon* , dans son Histoire Métalli-

que , trouve une autre cause de cette mode.

Nos ancêtres ne se contentoint pas d'apotheoser les Elemens & les Campagnes , ils en faisoient de même des Provinces & des Villes : ils eurent les Dieux *Nemausus , Vasioni , Bibracti* & *Abellio* , patrons des villes de *Nimes* , de *Vaison* , d'*Authun* & d'*Avallon*.

Le Pere Sirmond , que j'ai déja cité dans ses Notes sur *Sidonius* , rapporte des Inscriptions dressées au génie des Auvergnats.

Les *Tectosages* avoient le leur qui gardoit ce fameux Lac où l'on jettoit toutes les richesses prises en guerre.

La ville de *Melun* perdit pendant quelque tems son nom de *Melodunum* pour prendre celui d'*Iseos* , ou d'*Isii* , de la Déesse *Isis* , qui étoit réverée dans les environs.

Evrisse étoit la patrone des Parisiens , ou du moins de ceux des

Habitans de cette Ville qui faisoient commerce sur la riviere,
ainsi que cela paroît par le vœu que
les *Nautes Parisiaci* érigerent aux
Dieux de leur Pays sous l'Empire
de Tibere, & qui a été trouvé en
foüillant dans l'Eglise de Notre-
Dame en 1711.

A travers l'obscurité qui enve-
loppe notre mithologie ancienne,
il est assez difficile de pouvoir dé-
terminer au juste qui de toutes les
Divinitez qu'elle contenoit étoit
celle de la Chasse : peut-être y en
avoit-il plusieurs, les Chasseurs de
chaque contrée invoquant les titu-
laires des lieux où ils se trouvoient ;
peut-être aussi n'y en avoit-il
qu'une, qui étoit générale, mais
sous differens noms. Je suivrai ce
dernier sentiment ; & ayant déja
fait voir que la *Lune* sous le nom de
Nehalennia étoit la Déesse des Eaux,
je vais montrer qu'*Ardoïna* ou *Ar-*
düenna, réclamée le plus ordinaire-

ment par les anciens Chaſſeurs ;
étoit encore cette même *Lune* ; car
quoique cette *Ardüine* doive auſſi
paſſer pour une Déïté locale, ayant
donné ſon nom à la Forêt des *Ar-
dennes*, cela n'empêche point qu'elle
n'ait pû être une de celles que j'ai
nommé naturelles , & dont par
conſequent le culte s'étendoit par-
tout. Les Gaulois donnerent à la
Lune autant de differens noms
qu'ils remarquerent que cette Planette dominoit ſur les choſes dont
ils faiſoient uſage ; leur Pays étant
rempli de Forêts , ils avoient beſoin
d'invoquer la *Lune* pour les conduire en voyageant , ſoit qu'ils al-
laſſent à la Guerre , ſoit qu'ils allaſ-
ſent à la Chaſſe. Au paſſage d'une
Riviere , ils invoquoient la *Lune
Nehalennia* , & dans l'obſcurité des
Bois la *Lune Ardhuina*. De même que
les Romains invoquoient dans ſem-
blable occaſion leur *Diane Lune* ſous
le nom de *Nox* , & de *Nocticula*.

Ce nom d'*Arduina*, est encore un de ceux dont la vraie signification n'est point parvenuë jusqu'à nous; & si je me trompe dans ma conjecture de le donner à la *Lune*, il faut pourtant convenir que la Divinité qu'on révéroit sous ce nom devoit être considerable, puisqu'on avoit étendu sa puissance sur les Bois, qui étoient ce qu'il y avoit de plus respectable parmi tous les Peuples du Nord, cette *Ardüine* devoit être une des premiere Déesses de ces Peuples, & c'est sanss doute pour cela qu'ils donnerent son nom au plus grand des Bois de toute l'Europe. La Forêt d'*Ardenne* s'étendoit depuis l'Ocean Britannique jusqu'au fond Oriental de la Germanie. Son centre occupoit ce qu'on a depuis nommé les deux Lorraines hautes & basses; & les Forêts *Charbonnieres* & *Hercinie*, qui contenoient toute la *Flandre* & la *Suabe*, n'étoient que les aîles

droites & gauches de ces Bois im-
menfes.

Quand les Gaulois eurent connu la *Diane* des Romains , & vû
que ceux-cy en faifoient la *Lune* ,
& la Déeffe de la Chaffe de même
qu'eux , ils confondirent bien-tôt
leur *Arduina* avec cette *Diane* , les
fymbolifant également fous le hyerogliphe d'un Croiffant , ou fous
la figure d'une femme ayant le
carquois fur les épaules , & l'arc
à la main.

De dire que le terme d'*Arduina*
fignifioit tout à la fois en langage
Celtique la *Lune* , de l'*Eau* & des *Bois* ,
cela a pû être ; je ne me fers des
idées de ceux qui ont tâché de le
prouver,& fait dominer cette Déeffe fur toutes ces chofes , que pour
mieux expliquer la figure *Panthée*
qui la repréfentoit en femme or-
née des attributs de tout ce qu'on
foumettoit à fa puiffance , & particulierement des marques de la
Chaffe.

Chasse. Cette figure étoit quelquefois purement *symbolique* ; & au
lieu d'une statuë de femme, on en
composoit une de differentes parties d'animaux sauvages ; ce qui
formoit un *hyerogliphe* monstrueux
qu'on appella *Cernunnos*, parce qu'il
étoit toujours représenté *Cornu*.
Nos Sçavans modernes, pour n'a-
voir pas réfléchi sur ce que ce pouvoit être qu'un de ces *hyerogliphes*
à corps humain & à tête de cerf
qui s'est trouvé gravé sur le mo-
nument antique de Notre-Dame
de Paris, dont j'ai déja parlé, ces
Sçavans ont crû que ce monstre à
corne étoit une des Divinitez des
Gaulois, au lieu de sentir que ce
ne devoit être qu'un symbole am-
blêmatique de quelque chose de
très-recommandable chez ces Peuples. Le *Cernunnos* se representoit
quelquefois tout en bête, & quelquefois avec un corps d'homme,
des cuisses, & des jambes de Cerf

D

ou d'Elans , & toujours avec de grandes cornes & de longues oreilles ; & quand il étoit en corps humain , on lui faisoit tenir des Oiseaux , ou il en avoit de perchez sur ses Cornes : tout cela étoit des allegories des differentes faveurs que les Chasseurs recevoient de la Divinité protectrice de leur Art.

Celles de ces figures allegoriques qui se trouvoient composées de plus de parties de differentes Bêtes , ou chargées de plus d'attributs de diverses Puissances naturelles , devenoient encore des *symboles votifs* pour les personnes de differens états, qui en les érigeant les ornoient des marques de leurs professions. Les Chasseurs & les Oiseliers les garnissoient d'Oiseaux , les Pêcheurs de Poissons , les gens de la Campagne des prémices de l'Agriculture , & les Femmes enceintes ou nouvelles mariées de *Colliers* , ces dernieres pour demander à la *Lune* la fecondité , & les autres dans l'attente d'une heureuſe délivrance. Les Dames Romaines s'adreſſoient pour les mêmes choſes à cette même Planette , qu'elles appelloient alors *Lucine.*

Quoique le *Cernunos* ne fut qu'une figure *cornuë* , repreſentée ſouvent uniquement en Bête, on ne laiſſoit pas de le reſpecter comme l'amblême d'une Puiſſance de différente vertu ; & on auroit pû dire de lui ce qu'on diſoit à Rome en appellant les repréſentations de *Jupiter* ſous la forme d'un Aigle , de *Faunus* ſous celle d'un Satyre , & de *Janus* ſous un double viſage , le *Porte foudre* , le *Chevre pied* & le *Bi-tête.*

Ainſi le ſymbole Gaulois de la *Lune* auroit pû s'appeller encore le *Bi corne.*

Quand la Religion Chrétienne ſe fut bien établie dans les Gaules , & que par le zele des premiers Prédicateurs de l'Evangile tout objet de superstition eut été soigneusement détruit, néanmoins le Peuple continua toujours d'avoir dans ses habitations de ces figures mysterieuses à *cornes*, qui ne furent plus considerées que comme des marques prophanes des choses qu'on avoit coûtume de leur faire signifier, mais sans y plus attacher la moindre idée de culte. Les gens de métiers s'en faisoient des montres de boutique, & leur faisoient porter les outils de leurs professions. Les riches, sur tout ceux qui aimoient la Chasse, en ornoient leurs salles, ou en mettoient devant leurs portes pour y attacher les têtes, la peau, ou quelqu'autre membre des Bêtes qu'ils chassoient, & ainsi se servoient simplement de ces figures pour leur faire porter les trophées de leur adresse.

Il n'y a pas encore long-tems

que nos grands Seigneurs ornoient les Galleries de leurs Châ-
teaux avec des têtes de Cerfs chargées des bois les plus curieux de
ces animaux pris à la Chasse. C'é-
toit sans doute par un reste de l'u-
sage des *Cernunos* qui avoient servi
pendant tant de siécles à décorer
les Palais des anciens Seigneurs
Gaulois & François.

L'Idole de la Chasse de nos ancêtres m'ayant conduit à décrire
la Bête mysterieuse dont je viens
de parler, qui en étoit comme le
second simulacre, qui se substi-
tuoit ordinairement au premier,
étant plus propre que celui-cy
pour donner d'un coup d'œil la
connoissance des differentes Puissances de cette Idole, parlons
présentement des principales Bêtes qui étoient l'objet de leurs
Chasses.

Les animaux qui se chassoient
communément dans notre climat

étoient les *Ures*, ou Bœufs sauvages,
les *Cerfs*, les *Elans* & les *Dains*, toutes
Bêtes à cornes ; ce qui donna peut-
être l'idée d'invoquer la Divinité
de la Chasse sous une forme *Cornuë*.

Quoique les Gaulois fussent
très-adroits à se servir de leurs armes, sçavoir de la Lance & du Ja-
velot pour tuer les grosses Bêtes,
& des Fleches pour tuer les petites
& les Oiseaux, pour que leur
adresse eut encore plus de succès,
ils empoisonnoient toutes ces sortes d'armes en les trempant dans
le suc de certaines herbes ; mais ce
qui étoit de singulier dans ces Poi-
sons, c'est qu'ils avoient la pro-
prieté de n'être nuisibles aux bêtes
que pour leur ôter plus prompte-
ment la vie, & leur chair n'en
étoit pas moins bonne à manger,
cela au contraire l'attendrissoit.

Outre les Bêtes à Cornes, on
faisoit la Chasse à beaucoup d'autres plus dangereuses, telles que

les *Loups*, les *Ours*, les *Sangliers*, &
même les *Lyons*. Pluſieurs Hiſtoriens
font mes garants de ce qu'il y a eu
autrefois dans notre climat de cette
derniere eſpece d'animaux.

Le Sire de Joinville, dans ſon
Hiſtoire de ſaint Loüis, parle d'un
Chevalier nommé *Elinars de Senin-
gaam*, qui du Royaume de *Noron*,
vint trouver le Roi en Egypte, &
apprit aux Seigneurs François une
nouvelle maniere de chaſſer aux
Lions, laquelle il devoit avoir ap-
priſe dans le lieu d'où il venoit.

Je conjecture que le Royaume
de *Noron* étoit la *Norvege* d'à préſent,
ſur ce que le Chevalier Leonard
dit qu'il y avoit en ce Pays un jour
de l'année qui étoit ſi long, qu'on
n'e s'appercevoit preſque point de
la nuit : choſe qui ne pouvoit être
que ſous les degrez de notre Pole,
où eſt placée la *Norvege*, l'*Iſlande*, &
même le *Groën-Lande*; car les Terres
Polaires-antartiques qui ont un

femblable jour n'étoient pas encore connuës : ainfi s'il y a eu autrefois des Lions dans des endroits
fi froids, il peut bien y en avoir eû
dans la Germanie & dans les Gaules. La Forêt de *Lions* en Norman-
die, dont le Latin eft *Leônes*, felon
l'Abbé de Longruë, * fervira à fortifier ma conjecture, quoique quelques-uns ayent prétendu que c'eft
des Peuples *Huns* que cette Forêt a
pris fon nom , & que l'on a dit le
Bois des *Li-Huns* ; mais quelle eft
l'autorité pour établir cela aux dé-
pens de ce que je viens de dire.

La Maifon d'OLDINBOURG, qui
occupe le trône de Danemarck , &
qui eft auffi la tige des Princes du
nom d'HOLLSTEIN , defcend d'un
brave fauffement accufé, qui com-
battit contre un Lion devant tout
le Peuple de la ville de *Goflar* pour
fauver fon honneur & fa vie
Le grand nombre de Loups qui
étoient

* Defcription de la France.

étoient en Allemagne , a rendu le nom de cette bête fort commun en surnoms d'hommes & de lieux , ou le *Wolf* entre ou tout entier , ou en partie.

Les Bœufs sauvages & les Sangliers aussi très-communs chez les Saxons & les Frisons , de même que les Chevaux , dont on se servoit pour les chasser , ont donné origine aux Armoiries de quelques Provinces , Villes & Familles puissantes de ces Pays , comme la *Vesphalie* qui porte un Cheval effraié , l'*Angrie* qui porte trois têtes de Bœufs , qui pour avoir été mal representées dans les siécles grossiers , ont été prises pour trois Bouteroles , ou bout de fourreau d'épée.

La Suisse , autre Pays qui doit être compris dans l'Allemagne , étoit si rempli de tous ces animaux carnaciers , & surtout des *Ours* & des *Bœufs* , qu'ils ont donné leurs

E

noms avec leurs figures pour symbole héréditaire aux Cantons d'*Uri* , de *Berne* , de *Schafouse* & d'*Appenzel*.

En vieux langage Teuton, *Berne* vouloit dire un *Ours* , & *Uri* un *Bœuf sauvage*. Cesar * dans ses Commentaires, parle de ce dernier animal, & dit que malgré sa grosseur il étoit fort leger , & qu'il se ruoit courageusement sur ceux qui le poursuivoient : ce qui faisoit que les plus braves d'entre les jeunes Chasseurs préféroient cette Chasse à toute autre , croyant acquerir de la gloire & de l'honneur à proportion qu'ils tuoient de ces sortes de Bêtes, dont ils faisoient servir les *Cornes* à leurs triomphes , en les attachant devant ou au dessus de leurs habitations.

Nos jeunes Gaulois , dans leur Chasse aux Taureaux , étoient les imitateurs de certains Thessaliens ,

* *L.* 1.

qui pourfuivoient ces bêtes fans armes , & qui en les faififfant aux
cornes les renverfoient à force de
bras pour les étouffer fous eux. Ces
fortes de combats , quoique très-
dangereux, furent mis au nombre
des Exercices qui fe pratiquoient
dans les Jeux publics, & s'appelle-
rent TAUROS KATAPSION.

Les Sarafins Maures eurent de
femblables Exercices , & les com-
muniquerent aux Efpagnols , qui
ont encore l'ufage des Courfes de
Taureaux.

Au milieu de chaque Bourg,
Cité , ou autre Lieu contenant
plufieurs familles Gauloifes réünies
enfemble, il y avoit un gros *Arbre*,
qui étoit comme le Dieu tutelaire
de chacun de ces Lieux. Les *Druïdes*
faifoient deffous, leurs Inftructions,
& y jugeoient tous les differends
qui naiffoient entre le Peuple.
Tous Actes publics fe faifoient fous
l'Arbre, à l'exception des Sacrifi-

ces, qui se faisoient dans le fond
d'un Bois , ou d'un Antre écarté ;
ce qui a fait dire sur cette coutume
au Poëte Lucain :

Aut solis nescire datum nemora alta re-
       motis
Incolitis lucis vobis auctoribus umbræ.
Non tacitas Erebi sedes , ▬▬▬

    Quand les Gaulois alloient à la
Guerre ou à la Chasse , une partie
des dépoüilles qu'ils gagnoient sur
l'ennemi , ou quelque membre des
Bêtes qu'ils tuoient s'appendoient à
l'*Arbre* commun , comme une of-
frande & un remerciement qu'ils
faisoient au Dieu ~~qui~~ leur protecteur , du bon succès qu'ils avoient
eu dans ces occasions ; ainsi ces
Arbres sacrez étoient toujours char-
gez ou d'armes & d'habillemens
pris à la Guerre , ou de pieds , de
têtes & de peaux d'animaux pris à
la Chasse , tout cela étant autant
de vœux & de trophées qui montroient tout à la fois la pieté & le
                (Phars. L. 1)

courage des Habitans de la Commune à qui appartenoit l'*Arbre*.

Une partie de ces usages s'est
conservé jusqu'à nos jours. Il n'y
a pas encore long-tems qu'on en-
tretenoit dans tous les Villages au
milieu de la Place un gros Arbre,
devant lequel se faisoient toutes les
Cérémonies publiques , comme
Plaids , Annonces Seigneuriales ,
Nôces , & toutes les Fêtes de ré-
joüissance ; mais peu à peu la Religion & les bienséances ont fait sentir que la plûpart de ces choses se
feroient avec plus de dignité , ou
dans la maison Seigneuriale de ces
Villages , ou devant la porte de
l'Eglise Paroissiale , de maniere
que l'*Orme* commun dans les Lieux
où il en reste, ne sert plus présentement qu'à être témoin des plaisirs
de la jeunesse , qui va danser des-
sous , & joüer devant à la longue
paulme ; & quant aux Bêtes de Ra-
pine prises à la Chasse qui s'y atta-
E iij

choient anciennement, on les va
cloüer préfentement aux portes
de ceux qui ont droit de chaffer
en qualité de poffeffeurs de Fiefs.

Le droit de *Leyde*, en Latin *Leyda* ou
Lefda, que tout Seigneur Haut-
Jufticier a, & qui confifte à perce-
voir quelque chofe fur tout ce qui
fe vend dans les Francs Marchez
ou les Foires de fa Terre, eft une
fuite du pouvoir que chaque Seigneur s'attribua fur tout fang répandu, & même à la Chaffe.

Les premieres *Leydes* fe leverent
fur les Chaffeurs & les Bouchers;
les Seigneurs retenoient pour ce
Droit la *Langue*, les *Pieds*, ou quelqu'autres parties des animaux que
l'on tuoit fur leurs Terres, (de
telle maniere que ce fût) ou bien
les Tueurs rachetoient les mem-
bres par une petite fomme d'argent.

Par la fuite le droit, de *Leyde* s'é-
tendit fur toutes fortes de Mar-

chandises, de quelque nature qu'elles fussent.

Les premiers François ne punis-
soient les crimes que par une
amende pecuniaire ; celle qu'on
imposoit pour le sang humain vo-
lontairement répandu se nommoit
aussi *Lesda* ou *Leudis.* L'amende pour
un homicide étoit la plus forte ; &
quand le coupable n'avoit pas le
moyen de la payer, il devenoit es-
clave des parens de celui qu'il
avoit assassiné. On trouve dans le
Glossaire de Ducange encore
d'autres explications du terme de
Leudis.

Je passerois les bornes que je me
suis prescrites dans cet Ouvrage, si
je voulois remonter ici jusqu'à l'o-
rigine du droit que ceux qui pos-
sedent les Terres que l'on appelle
Nobles, ont imaginé pour joüir
seuls de la Chasse ; ce n'est que
l'ambition & la volupté qui ont
produit l'injustice qui fait qu'un
E iiij

homme empêche aux autres de
prendre un plaisir que le Créateur
avoit destiné à être commun entre
toutes ses Créatures. Les premiers
François étoient si persuadez de
cette vérité, qu'ils firent pendant
long-tems leur principal délice de
la Chasse en commun ; elle étoit
permise à tout le monde, sans distinction ni d'état ni de lieu. Le seul
privilege des grands Seigneurs sur
cela étoit de se la pouvoir réserver
sur les terres incultes, & dans les
Bois qui dépendoient uniquement
d'eux. Ils commirent ensuite des
Officiers nommez Forestiers à la
garde de ces endroits, qu'ils pouvoient raisonnablement conserver
pour leurs plaisirs, puisqu'ils n'ap-
partenoient point à aucun de leurs
Vassaux, & que n'étant point propres à cultiver, cela ne pouvoit di-
minuer en rien l'abondance. Nos
premiers Rois firent la même chose ; ils se conservoient les grandes

Forêts de leur Royaume , & y alloient passer des Saisons entieres.
C'étoit dans ces lieux remplis de
Fauves , & souvent très-éloignez
du lieu de leur séjour ordinaire ,
qu'ils alloient se divertir quand ils
étoient débarassez des soins les plus
pressans du Gouvernement ; &
peut-être que la coutume qu'ils
prirent avec le tems , de se déba-
rasser un peu trop souvent de ce
soin sur leurs Ministres , fut ce qui
leur acquit le surnom de *Fénéans.*

On voit dans Gregoire de Tours
* que le Roi *Gontran* devint si ja-
loux de se conserver la Chasse
dans les lieux destinez pour cela ,
qu'il en coûta la vie à trois de ses
Courtisans , le Prince s'étant apperçu qu'on avoit tué un *Buffle* sans
sa permission : il étoit pour lors
dans les Montagnes de *Vauges* où
il avoit placé une de ses réserves de
Chasse.

* *L. xj.*

On apprend par *Aimoin*, que ce Prince en avoit encore une dans une Forêt du Pays des *Sequaniens* nommée *Brixia*, qui a donné le nom à la *Breffe*.

Les Rois peu à peu s'accoutumerent fi fort à mener une vie errante par leur amour pour chaffer, qu'on peut dire que *Charlemagne* & fes plus prochains fucceffeurs n'eurent point de féjour fixe ; & quoiqu'on puiffe attribuer cela aux befoins qu'eurent ces Empereurs de fe tranfporter dans le voifinage des Peuples à qui ils firent la guerre, peut-être auffi que le plaifir de chaffer dans differens endroits commodes pour cela eut beaucoup de part dans ces fréquentes tranfmigrations. On voit ces Monarques paffer leur regne à aller fucceffivement d'*Aix-la-Chapelle* dans l'*Aquitaine*, & du Palais de *Cafenoëil* dans celui de *Verberi* en Picardie.

Mais si la Chasse a toujours fait les délices des Princes, il faut aussi convenir qu'elle a été funeste à plusieurs, qui ont trouvé leur tombeau dans les endroits où ils étoient attirez par ce divertissement.

Theodebert Roi d'Austrasie, mourut de la chûte d'une branche d'Arbre qu'un Buffle qu'il poursuivoit lui fit tomber sur la tête, l'animal ayant heurté l'arbre avec ses Cornes.

Amé VI. Comte de Savoye, surnommé *le Rouge*, mourut d'une chûte de Cheval, étant à la poursuite d'un Sanglier dans une Forêt près de *Thonon* en Chablaye.

Et *Marie* Duchesse de Bourgogne, la plus riche heritiere de son tems, mourut d'une semblable chûte dans un retour de Chasse.

D'autres trop possedez de l'ardeur de chasser, ont, pour ainsi dire, changé de tempéramment, & alteré la douceur qu'ils tenoient de leur naiſſance au point de devenir cruels & inhumains; défauts qui leur ont coûté la vie.

Chilperic I. & *Childeric II.* furent tuez revenant de la Chaſſe, le dernier pour avoir fait châtier indignement un Seigneur de ſa Cour.

Je ne finirois pas ſi je m'attachois à rapporter toutes les actions tragiques que la fureur de la Chaſſe a fait commettre, même à des perſonnes naturellement nées vertueuſes & ſages.

La Chaſſe devint encore l'intermede & l'action finale de toutes les Aſſemblées générales de notre Nation. Ces Aſſemblées, que je nommerai grands Parlemens, & où les Rois préſidoient en perſonnes ſur tout ce qu'il y avoit de plus illuſtre parmi les François, ſe terminoient toujours par une Chaſſe générale. Cela arrivoit ſurtout dans celui de ces Parlemens appellés d'*Automne*, parce qu'étant comme la clôture de tout ce qui s'étoit fait dans l'année, & le tems où l'on déliberoit sur ce qu'il falloit faire dans la suivante, il duroit plus long-tems, & les Seigneurs qui le formoient s'y trouvant en plus grand nombre que dans tous les autres, le Roi ne se séparoit pas d'avec eux sans leur donner des marques de sa liberalité par des Dons, & de son affection par ces divertissemens de Chasses; ce qui lioit tout le monde d'une amitié mutuelle. Les grands Seigneurs se quittoient bons amis, pleins d'affection pour leur Roi, & leur contentement assuroit la tranquilité de l'Etat.

Après les Parlemens, ou Assemblées générales de la Nation, venoient les Assemblées Provinciales. Ces mêmes Seigneurs qui s'étoient trouvés aux premieres, ayant à gouverner des Provinces & des Villes sous le titre de *Duc* & de

Comte. à leur retour , assembloient
la Noblesse de leur gouvernement
pour leur faire part des résolutions
prises dans l'Assemblée générale ,
& tenoient ainsi à leur tour des Assises d'Automne ; mais quoi que cel-
les-cy se tinssent un peu plus tard
que l'Assise nationale, elles se terminoient de même par une grande
partie de Chasse.

Ces Coûtumes donnerent origine aux Fêtes des Chasseurs ; car
après que la Noblesse eut perdu l'u-
sage de s'assembler chez le Gouver-
neur de la Province d'où elle étoit,
ceux de ce Corps qui avoient beaucoup de Vassaux ; prirent celui de
tenir des Assises particulieres , &
les autres qui avoient moins de Terres , de s'assembler de famille à famille , ou d'amis à amis. Un *Baron*
en reglant avec les Gentilhommes
qui relevoient de lui , ce qu'il étoit
en droit d'exiger d'eux , les régaloit
de festins & d'autres divertissemens ;

ce qui s'appelloit tenir *Tinel*, ou Table ouverte, devant où après lefquels, les Chaffes de toutes efpeces n'étoient pas oubliées

Un autre Noble dont l'Affife n'auroit pas été nombreufe en Vaffaux, raffembloit fes parens & fes amis à la place, plufieurs familles voifines fe réuniffoient enfemble, & fe donnoient une fête en commun.

Ces Affemblées particulieres qui n'eurent d'abord pour objet que de fe communiquer les ordres de l'Etat, & d'affurer la tranquilité publique entre gens qui avoient droit de fe quereller fur leurs moindres prétentions, pour n'être point obligé de s'en faire raifon par les armes; ces Affemblées, dis-je, dégénererent peu à peu en Fêtes politiques de pure réjoüiffance, parce qu'on s'apperçut qu'elles étoient très-propres à entretenir la bonne intelligence entre plufieurs familles d'un

voisinage. On prit même l'habitu-
de des les faire dans des temps ré-
glez ; l'avantage qui en revint étoit
considerable. Il occasionnoit des
biens infinis, comme réconciliations,
accomodemens d'intêret, & en se di-
vertissant on terminoit les affaires
les plus sérieuses ; on y projettoit
des Alliances , & on y célébroit des
Mariages , & entre tous les plaisirs
qui servoient d'intermédes à ces
choses, la Chasse étoit le principal,
& celui qu'on s'attachoit à exécuter
avec le plus d'ordre & de magnifi-
cence , & comme s'étoit celui qui
pouvoit donner la plus haute idée
de la puissance de ceux qui réga-
loient, on songea à y faire entrer
quelque chose de plus que cette ma-
gnificence & de le rendre par là respectable ; c'est ce qu'on fit en y in-
téressant la Réligion. Les Chasseurs
ayant résolu de faire choix d'un
Saint, pour célébrer leur Fête sous
son auspice. Saint Martin qui étoit
reclamé

reclamé alors par toute la France
& dans toutes sortes d'occasions, le
fut aussi dans celle de la Chasse, ce
qui dura jusqu'à ce que le Royaume
eut changé de Protecteur ; car alors
les Chasseurs ne suivirent qu'en
partie le choix que tous les autres
Ordres de l'Etat avoient fait de
Saint Denis ; ils voulurent avoir re-
cours en particulier à un Saint qui
eut pratiqué leur exercice, & crurent pour cela ne pouvoir mieux rencontrer qu'en S. Hubert, dont on
débitoit que la vocation étoit venuë
par l'apparition qu'il eut en chassant, d'un Cerf qui portoit une
Croix entre son bois.

La Fête de ce Saint qui est présentement fixée au trois de Novembre a beaucoup varié, ou plutôt y
ayant eu plusieurs Translations du
Corps de ce Saint, chacune fut une
Fête ; ainsi il y avoit une Saint Hubert en Avril, une en May qui est
le véritable temps de sa mort, une

autre en Septembre , une en Novembre, qui eſt cellequi reſte, & enfin une en Decembre: * Toutes ces
Fêtes du Patron des Chaſſeurs, é-
toient autant d'occaſions d'Aſſemblées pour ceux de cette Profeſſion,
quoique néanmoins ce ne fut que
celles de ces Fêtes qui arrivoient
en May & en Novembre , au verd
naiſſant & à la chûte des feüilles, qui
ſe célébraſſent avec plus de ſoin
& d'éclat , parce qu'elle venoient
dans le temps des deux grandes Aſſemblées de la Nation : Sçavoir , de
celle du Printemps au Champ de
Mars , & de celle d'Automne ; ces
deux occaſions étant plus favora-
bles qu'aucunes autres , pour lier
de nombreuſes parties de Chaſſe
pendant que la grande Nobleſſe
étoit réünie , & en train de ſe mou-
voir.

Il paroît par des monumens certains que dès le XI ᵐᵉ ſiécle Saint

* Voyez M. Baillet:

Hubert, nouveau patron des Chasseurs, étoit reclamé encore contre la Rage; cette maladie attaquant plus ordinairement les chiens que tous les autres animaux, par l'altération qu'ils souffrent quelquefois à la campagne, ou quand on les néglige dans les chenils; ceux qui avoient soin des Meutes prioient ce Saint de préserver leurs bêtes, & la dévotion des domestiques passant aux Maîtres, ceux-ci prierent aussi le même Saint de les préserver de tout ce qu'ils pourroient encourir de facheux dans le mêtier de la Chasse.

A peu près dans le même temps que la dévotion des Chasseurs pour Saint Hubert s'établissoit parfaitement, les marques dont les gens de guerre usoient à l'Armée pour se reconnoître en les mettant sur leurs Boucliers ou sur les Cottes-d'armes, se rendoient héréditaires dans les familles Nobles, sous le nom d'Ar-

moiries, ces familles s'en servoient
pour se differencier l'une de l'autre,
chacune par sa marque, ou son
symbole particulier.

La Cotte-d'arme ainsi armoriée,
fut d'abord un habit seulement destiné pour la guerre, mais dans la
suite les personnes de race à le porter, ne se contenterent plus de le
mettre seulement à l'Armée, ils le
mirent dans bien d'autres occasions
& sur tout dans celles où ils vou-
loient paroître en public avec éclat,
comme quand ils recevoient ou rendoient des Hommages, quand ils
assistoient à des entrevuës prémédi-
tées, ou a des mariages d'appareils,
ou enfin dans les belles Assemblées
de Chasse ; l'usage des Habits bla-
zonnez devint si general dans les
14 & 15ᵐᵉ siécle, que ce n'étoit
pas seulement les hommes qui les
mettoient dans les occasions que je
viens de dire, mais encore les femmes
les imiterent, & il faut convenir que

les Fêtes où l'un & l'autre sexe se
trouvoient dans de semblables habits, avoient un brillant que celles
d'aujourd'hui n'ont plus : le goût
héroïque se perd insensiblement
dans les cérémonies modernes de
Cour, parce qu'on néglige de conserver ce qui étoit de dignité dans
les ancienes, on ignore en partie le
viel cérémonial faute de l'aimer &
de chercher à s'en instruire, & on
régle le nouveau selon sa fantaisie,
sans penser s'il est préférable à l'autre.

Par les Robes armoriées on con-
noissoit autrefois les personnes qui
compofoient une Cour, & le rang
qu'elles y tenoient par leur naiffance, ou par leurs Offices, au lieu
qu'à present on ne les connoît pour
ainsi dire qu'à la mine, ou qu'à l'in-
dication. Si un étranger qui arrive
dans une Cour n'est pas au fait des
portraits, fut-il d'ailleur habile sur
le cérémonial & bon généalogiste,

il faut qu'il ait à sa suite un espece de Maître de Cérémonie, pour être instruit du nom & de l'emploi d'un Seigneur qu'il verra passer devant lui ; car telle riche que soit l'Etoffe dont sera habillé le premier Officier de la Couronne, un simple particulier, favorisé de la Fortune, peut être vêtu d'une semblable, & ainsi ces deux personnes, quoi que bien differentes d'état, peuvent être confondues par l'étranger qui ne connoît point assez une Cour où il se trouve ; il n'y a presque que les Gens de Robes qui ayent conservée leur habit de dignité, dont ils ne se servent pas même assez souvent.

Il étoit beau autrefois de voir un Roi de France dans les cérémonies où il se trouvoit, & même à la Chasse en habit plein de fleurs de Lys, ayant au tour de lui les Princes de son Sang, avec de pareils habits distinguez par des brisures qui mon-

troient leur ordre de progeniture ,
& de voir aussi une Reine dans ces
mêmes cérémonies avec une jupe
& un manteau , mi-parti d'un côté
semés de fleur de Lys , & de l'autre des pieces armoriales de sa famille richement brodées.

Les autres Nobles par de semblables accoutremens montroient ce
qu'ils étoient , tant par leur naiffance que par leurs Charges ; tout
cela formoit un coup d'œil majes-
tueux , bien plus capable d'attirer
le respect des spectateurs qui se trouvoient à ces Assemblées , que ne
font celles d'aujourd'hui. Deux Miniatures qui font à la Chambre
des Comptes de Paris , & que le Pere Menetrier a fait graver dans ses
quartiers , serviront à donner une
idée de ces Fêtes , où la Noblesse
assistoit en Robes blazonnées.

Dans la premiere on voit l'Hom-
mage que Louis second Duc de
Bourbon rend à Charles V. pour le

Comté de Clermont en Beauvoisis
qui appartenoit à ce Duc.

Et la seconde est une entrevuë
faite entre la Reine Jeanne de
Bourbon, femme du Roi Charles
V. & la Duchesse Isabelle de Va-
lois sa mere, pendant une Chasse
donc le Duc de Bourbon regale les
deux Princesses, dans le voisinage
du même Château de Clermont.

Le Duc y tuë un Cerf devant les
Princesses, & leur fait présenter le
pied de l'animal par son Veneur

On voit par ces deux monumens
que les Seigneurs & Dames qui
composoient la Cour de ce temps-là
étoient vêtus de leurs Armes, & que
la diversité de pieces fantasques qui
composoient ces habits, joint aux
couleurs qui les nuançoient, devoient former une diversité très-
agréable à la vûë ; la mode de ces
Robes a duré jusqu'après l'an
1500. & a donné origine à celles
que l'on a appellées depuis Robes
de

de livrées ; car les Seigneurs en cessant de s'habiller de leur Blazon, ils en prirent les couleurs & les figures des pieces, dont ils firent faire des Galons bigarez, pour en couvrir les habits de leurs domestiques.

La Noblesse n'a jamais eu que deux sortes d'occupations, la Guerre & la Chasse ; quand elle alloit à l'Armée, elle y marchoit en arme, & sa marche en temps de paix étoit presque toujours en équipage de Chasse, c'est à-dire, l'oiseau sur le poing & les chiens courant devant elle, l'épée & l'oiseau de proye, soit Epervier ou Faucon, étoient si bien les marques inséparables d'un Gentilhomme, que par des Capitulaires de nos Rois, il étoit deffendu à aucuns de s'en désaisir, & de les donner même pour le prix de sa rançon si on venoit à être fait prisonnier ; sans doute par une suite de l'idée que l'on avoit eu jusqu'alors de regarder comme infâme, un

G

Guerrier qui revenoit du combat
fans fes Armes, c'eft l'exception
des deux pieces dont je parle, &
qu'un honnête homme ne pouvoit
point dépofer fans rifque de perdre
fon honneur, qui fit venir dans la
fuite le Proverbe : QU'IL NE FAUT
JAMAIS PRESTER SON EPE'E, NI SA
FEMME. Les Dames par une plus
jufte raifon, prenant la place de
l'une des chofes qui conftatoit fi
bien l'état de leurs maris ; & en effet elles fe plurent tellement à par-
ticiper à cette marque extérieure
qui démontroit la Noblefse, qu'elles n'allerent plus depuis le xi^ne
fiécles fans l'oifeau fur le poing.
On les voit ainfi repréfentées foit
à pied, ou à cheval fur les portraits, dans les Sceaux & autres
monumens qui nous reftent d'elles.
Pour les gens de Guerre, ils étoient
fi foigneux de ne point paroître fans
oifeaux, qu'ils en portoient jufques
dans les Combats. Le Moine Abbon

en décrivant le siége que les Normands mirent devant Paris sous le Roi Heudes, dit, que ceux qui défendoient un des Ponts qui servoient de Portes à cette Ville, voyant qu'ils ne pouvoient plus résister, lâcherent leurs Oiseaux, & leur donnerent la liberté, pour qu'ils ne tombassent pas entre les mains de leurs ennemis. Depuis ce tems-là les Seigneurs séculiers, qui eurent la qualité d'*Abbez Laïques*, de *Vidames* ou d'*Avoüez* firent un mélange de l'Habit Ecclesiastique avec le Militaire, & toûjours l'Oiseau joint à cela, paroissoient en public ainsi accoutrez: de là vient que dans quelques familles illustres, dont les Chefs, par un reste de droit de protection sur quelques Chapitres, & qui pour cela se sont conservé une place de Chanoine d'honneur dans ces Chapitres. Ces Chefs paroissent quand ils le veulent, soit dans les stales des Chœurs, ou aux Proceſſions ; dans un habillement qu'on peut dire être moitié Chanoine , & moitié Chaſſeur. J'ai vû il y a quelques années au deſſus de la porte du Grand Conſeil, ruë ſaint Honoré , un Tableau où étoit repreſenté dans toute ſa grandeur Claude de *Beauvoir*, Seigneur de Chaſtelux, Chanoine né de l'Egliſe Cathedrale d'Auxerre , avec le Surplis ſur la Cuiraſſe , l'Epée au côté , botté & éperonné , l'Aumuſſe ſur un bras & l'Oiſeau ſur l'autre, ayant outre cela le chapeau en tête orné d'un Plumet à l'antique.

Dans les tems dont je parle, il étoit encore permis à tout le monde de chaſſer ; il n'y avoit que la violence dont un Gentilhomme uſoit ſur ſes Sujets qui lui donnât ſur eux de l'avantage de ce côté-là : c'eſt pourquoi les plus raiſonnables de ces Gentilhommes , quand ils aimoient à chaſſer , pour

ne point inquieter leurs Vassaux,
ni les priver d'un semblable plaisir,
faisoient faire de *vastes Parcs,* où ils
tenoient renfermées une grande
quantité de Bêtes fauves qu'ils
chassoient à loisir, & dans toutes
les saisons de l'année, sans crainte
d'endommager la campagne. Il y
avoit de ces Parcs de plusieurs
lieuës d'enceinte, & on n'a perdu
l'usage de les entretenir, pour ne
chasser que dans ces endroits, que
depuis qu'ont paru les Ordonnances séveres contre ceux qui chaf-
fent sans permission sur les terres
dont ils ne sont point Seigneurs.
Ces Ordonnances mettant assez à
couvert les Bêtes des poursuites de
ceux qu'elles incommodent sans le
secours des murailles, & elles ont
par là une entiere liberté de rava-
ger paisiblement les contrées où
elles se veulent jetter. Il est vrai
que le pouvoir commun de chaffer parmi un Peuple généreux,

tel que le François , qui ne reſ-
pire que la liberté , & qui
n'admet qu'avec peine la diſtinc-
tion d'état de Noble & de Rotu-
rier , étoit devenuë une ſource iné-
puiſable de malheurs : ce qui con-
traignit nos Souverains de faire les
premieres Ordonnances pour en
arrêter le cours.

Les Nobles prenoient querelle ,
& ſe battoient très-ſouvent entr'-
eux pour un animal que l'un
avoit tué ſur la terre d'un autre ; ils
tuoient leurs Payſans pour ſemblables choſes , & ces ſortes de meurtres demeuroient impunis , les Juges Royaux n'ayant pas ſur la Nobleſſe l'autorité qu'ils ont aujour-
d'hui ; car hors des cas de Felonie
ou de crimes de Leze-Majeſté , qui
étoient preſque les ſeuls dont ces
Juges priſſent connoiſſance , tous
les autres differends qui pouvoient
naître entre deux Gentilhommes
ſe terminoient par l'arbitrage de

leurs semblables ; & quand ils ne pouvoient pas s'accorder , ils se faisoient la guerre ; les Rois furent long-tems sans pouvoir les empêcher d'agir ainsi : & à l'égard des Paysans , ils étoient presque en toutes choses à la discretion de leurs Seigneurs, de maniere qu'on peut dire que ce fut pour réprimer la Loi du plus fort , & empêcher les desordres qui arrivoient à cette occasion entre les Chasseurs , qui détermina les Souverains , chacun dans leurs Etats , à faire des Loix sur une chose qui de droit naturel appartient à tout homme. Une maxime raisonnable dit que tout ce qui n'a point de maître doit être au premier occupant : un animal domestique est à celui qui le nourrit ; mais le sauvage , qui peut passer d'une domination à une autre, doit être à celui qui s'en peut saisir : la Jurisprudence Romaine suivoit cette maxime , & l'ancien

G iiij

droit François n'y étoit pas contraire ; ce n'est que dans les quatorze & quinziéme siécles que nos Rois commencerent donc à faire de ces Ordonnances pour régler la Chasse conformément à la nature des terres , distinguant celles qui devoient avoir un droit privilegié pour cela sur les autres , & quelles seroient les personnes qui pourroient en user , se réservant leur droit sur le tout. Les Eaux & les Forêts étant ce que les anciens Peuples avoient de plus sacré , il faut croire que c'est de là que les Princes , qui sont les représentans sur la terre de l'Etre indépendant qui gouverne tout , pour marquer plus expressivement leur indépendance à l'exemple de celui dont ils sont l'image , s'attribuerent le droit de Maîtrise sur ces deux choses , qu'ils s'apperçurent leur pouvoir porter un profit considerable : ainsi leur autorité sur les Eaux & les Fo-

rêts fut ce qu'ils firent valoir le premier, comme un des beaux attributs de la Puissance Souveraine.

Xerxès Roi des Perses, voulant
soumettre les Grecs, envoya ses
Heros dans toutes leurs Républiques, pour demander au nom
du Roi, de la Terre & de l'Eau;
& celles de ces Républiques qui
octroyoient ces deux choses, acce-
toient par là la soumission.

Il est parlé du droit des Eaux &
Forêts dans les Capitulaires de nos
Rois des deux premieres races; les
premiers de ceux de la troisiéme le
négligerent, ayant assez d'affaires
à se maintenir dans la superiorité
sur les Fiefs démembrez de leur
Couronne; mais ensuite ayant re-
pris le dessus sur leurs Vassaux en
toutes choses, ils rétablirent leur
droit sur la Chasse. Les premiers
Reglemens inserez dans le Code
fait sur cette matiere sont, je
croi, du Roi Charles V I.

Comme je pourrois me tromper sur le tems au juste qu'ils ont été faits, mes Lecteurs examineront ce point plus à fond. Un nommé Delaunay a écrit du Droit de la Chasse, & on trouve encore quelque chose sur cela dans le Traité des Droits Honorifiques de Mathieu Maréchal, outre le Code que je viens de citer.

Les premiers hommes chasserent par necessité, ainsi que je l'ai dit en commençant ; mais quand ils eurent dépeuplé la terre des Bêtes qui leur nuisoient le plus, & que l'agriculture bien perfectionnée leur eut donné un autre moyen de subsister aisément, ils ne compterent plus la Chasse que comme un exercice de plaisir ; mais qui se sentant toûjours de son action militaire, continua par-là de se faire aimer des personnes généreuses, & des ames élevées au desfus du commun. Les hommes nez

pour la guerre ont préferé son occupation à toutes les autres, & l'on
peut dire que le tems qui change
tout, & qui présente successivement
de nouveaux amusemens, & fait
oublier les anciens, n'a jamais pû
donner atteinte au goût des hu-
mains pour la Chasse, qui sera toûjours de mode parmi eux.

De grands Princes se sont fait
une espece de gloire de passer pour
bons Chasseurs, & n'ont pas crû
qu'il fut indigne de leur Majesté
de donner certaines heures qu'ils
avoient de loisir à cette occupation, & d'y montrer leur adresse. L'Empereur Commode étoit si
assuré de la main, qu'il frappoit un
animal qui courroit, dans l'en-
droit où il le vouloit, soit à la tête,
soit au cœur. Il s'est même trouvé
d'autres Princes qui se sont fait
honneur de paroître sçavans dans
cet Art. L'Empereur Frederic II.
fit l'Ouvrage qui est parvenu jus-

qu'à nous fous le titre , *De Arte ve-*
nandi cum avibus. Gafton Phœbus ,
Comte de Foix , écrivit dans le
quatorziéme fiécle , moitié en Pro-
fe , moitié en Vers , fur differens
fujets de Chaffe : ce qui a été imprimé en 1518. Et notre Roi
Charles IX. qui aimoit les Sciences
& la Chaffe , compofa fur cette
derniere matiere un petit Ouvrage
plein d'érudition , qui n'a été imprimé qu'en 1625.

Un jeune Prince qui aime la Chaffe, donne par là d'heureufes prémices de ce qu'il fera dans d'autres
tems, où il ne bornera pas fa valeur à
combattre feulement contre des Bêtes fauvages, mais pour ne point trop
fe laiffer emporter à un plaifir qui
deviendroit paffionné avec le tems.
Il doit fe fouvenir dans fes retours
de Chaffe de ce que Racine fait
dire à fon Hyppolite dans Phedre.

Affez dans les Forêts mon oifive jeuneffe.
Sur de vils ennemis a montré fon adreffe :

Ne pourrai-je en fuyant un indigne repos,
D'un sang plus glorieux teindre mes Jave-
lots?

L'homme courageux doit aimer à exercer l'Empire que Dieu lui a donné sur les animaux ; mais il faut que cet amour soit accompagné de moderation, & sans trop s'admirer sur son adresse : ce qui est assez ordinaire aux bons Chasseurs, qui revenant chàrgez de leur Gibier, marchent d'un air fier, & paroissent aussi contens d'eux - mêmes que ces Conquerans Romains qui montoient autrefois au Capitole traînant des Captifs attachez à leur Char. On ne blâmera jamais l'exercice de la Chasse , pourvû qu'on le fasse avec moderation, & sans ces emportemens qui feroient craindre un caractere cruel dans les personnes qui s'y laissent entraî-ner.

C'est dans la supposition de ce défaut qui se trouve dans beaucoup de Chasseurs , que quelques Casuistes ont condamné l'usage trop fréquent de cet exercice : voici les principales de leurs raisons.

1°. Que la passion outrée de la Chasse est fort éloignée de l'esprit du Christianisme ; qu'elle a quelque chose d'inhumain , & qu'elle conduit souvent à des crimes : on s'accoutume à répandre indifferamment toute sorte de sang , & on n'a malheureusement que trop d'exemples des meurtres & des violences faites à l'occasion de la Chasse.

2°. Que si cette passion ne conduit pas jusqu'aux grands crimes ceux qui en sont agitez , elle est cause au moins qu'ils commettent des injustices , par le dommage que les Chasseurs font sur les terres où ils passent. Un Seigneur qui chasse avec un nombreux équipage , foule & détruit les terres de ses

Sujets : un pauvre Paysan voit rui-
ner en un moment son travail de
toute l'année , & souvent on le
maltraite s'il paroît être sensible à
sa perte.

3°. Que la trop grande ardeur
d'un Chasseur pour sa profession le
rend, pour ainsi dire, homicide
de lui-même ; il énerve peu à peu
ses forces , & ruine sa santé sans
s'en appercevoir. La Fontaine ,
dans sa Fable de l'*Oroscope accomplie* ,
n'outre point le caractere d'un
homme violemment agité de la
fureur de chasser ; ce qui le conduit à des accidens qu'il auroit été
impossible de prévoir avec toute la
reflexion du monde.

On répondra à toutes ces raisons,
qu'à l'égard de la Religion on a
plusieurs exemples de saints per-
sonnages qui ont aimé & pratiqué
la Chasse , & en qui néanmoins
cette occupation n'a rien diminué
de l'amour qu'ils avoient pour

Dieu, ni du soin qu'ils devoient avoir de pratiquer les œuvres qui leur ont merité la sanctification

A l'égard des violences, un homme sage sçait éviter les occasions qui le pourroient conduire au crime. Le Chasseur prudent se garentira de commettre des injustices, en n'allant point prendre son plaisir sur les terres qui ne sont point dépoüillées, tant sur les siennes, ou sur celles où il a droit de chasser, que sur celles de ses voisins, où il n'a par consequent aucun droit, pour éviter tout ce qui peut mener aux combats, aux procès, ou aux remords de la conscience; & s'il lui arrive de faire quelque tort involontaire, il le réparera aussi-tôt.

On ne peut disconvenir qu'il n'y ait des terres chargées de Servitudes plus ou moins onereuses, & ausquelles il faut que les Possesseurs actuels se soumettent. Toute la terre

terre d'un Fief étoit anciennement
à celui qui le poſſedoit, qui n'en
aliénoit ou vendoit des portions
qu'en ſe réſervant ſur elles des
Droits de pluſieurs natures, qui
réunis enſemble ont formé ce qu'on
a appellé depuis *Droits honorifiques*,
ainſi ceux qui poſſedent aujour-
d'hui ces portions de terre, ſujet-
tes de leur nature, & qui jadis ap-
partenoient à la Seigneurie dont
elles relevent, doivent donc ſe regarder comme chargés de ſuppor-
ter les ſouffrances auſquelles ſe
ſont engagés les premiers acque-
reurs de ces terres, qui ne les ont
eu qu'à ces conditions ; il ne reſte-
roit ſeulement qu'à examiner ſi lors
des premieres alienations foncieres
la Chaſſe étoit un droit des Seigneurs dominants.

A l'égard de la troiſiéme reflexion ; un homme n'eſt pas ſenſé
quand il prend ſon plaiſir au dé-
pend de ſa ſanté ; le Chaſſeur qui

H

a cette manie, doit apprendre ce qu'a dit Mademoiselle Des Houllieres dans des vers faits contre les suites funestes ou conduisent les jeux de hazard ; *que les plaisirs outrés deviennent cuisants* ; ainsi il faut être assez Philosophe pour ne point faire tout ce qui peut, par des routes agréables, nous conduire à la douleur ou au repentir.

Dans la page onziéme de cet ouvrage, où j'ai fait voir que la guerre n'avoit commencé dans le monde qu'à l'occasion des differens qu'eurent entr'eux les Chasseurs pour la possession des contrées abondantes en Gibier, j'aurois dû conclure de là que ce fut aussi à cette occasion que les armes, tant offensives que deffensives, furent inventées; il falloit, pour détruire les animaux, se faire des outils perçans, tranchans & assomans : & quand les hommes vinrent à employer ces mêmes outils pour exer-

cer leur fureur fur eux-mêmes ;
comme ils ne connoiſſoient pas encore les *Casques* & les *Cuiraſſes*, ils n'a-
voient pour ſe parer de leurs coups
inhumains que des peaux de Bêtes
dont ils ſe couvroient tout le corps.
Cluvier dans ſa Germanie antique,
nous apprend d'après Tacite, que
les Germains n'étoient vêtus que
de peaux d'animaux féroces, qu'ils
ſe les ajuſtoient en allant à la guerre, de façon que la tête de l'animal
ſervoit de coëffure ; ce qui en formoit une véritablement bien ex-
traordinaire : car ſi c'étoit une peau
de Bœuf ou de Cerf dont un homme fut couvert, il paroiſſoit avec
de longues cornes ſur ſa tête ; &
quand c'étoit la peau d'un Sanglier, d'un Loup, ou de quelqu'autre bête bien dentée, le viſage de
l'homme qui la portoit paſſoit par
la gueule de l'animal, & paroiſſoit
environné d'un épouventable raté-
lier de dents ; ce qui lui donnoit

une mine terrible.

Cet ufage donna origine aux figures monftrueufes appellées *Ci-
miers*, qui fe font mifes depuis fur
les Cafques, & dont les Allemands,
& autres Peuples fortis des Germains, fe fervent encore beaucoup
pour l'ornement de leurs Armoiries.

Quand ces guerriers Germains
dont je parle n'avoient pas, felon
leurs defirs, de ces peaux qui leur
fourniffoient fi bien de quoi fe rendre épouventables ; par un heroïf-
me plus grand, ils affectoient de
combattre prefque nuds, & la tête
découverte ; alors ils laiffoient
croître leurs cheveux, & en les re-
levant fur leurs tetes de differentes
manieres, cela leur fourniffoit encore une autre efpece de coëffure
non moins bizare que la premiere.
La maniere de s'ajufter ainfi donna
occafion aux Races qui s'étoient
particulierement appropriées **cette**

mode, de s'élever au dessus des autres par la distinction qu'a toûjours
merité la vertu militaire. C'est sans
doute ce qui commença, pour
ainsi dire, à partager les familles
Barbares en Nobles & en Plébeïen-
nes. Les personnes des premieres
affectoient de porter continuellement de longs cheveux qu'ils laissoient tomber sur leurs épaules,
quand ils n'étoient point à la Guerre ou à la Chasse ; & quant à ceux
des secondes, qui n'avoient point
coutume de s'orner de leurs cheveux dans les combats, & dont la
longueur leur auroit été nuisible
dans les travaux mécaniques où
ils s'étoient voüez, ils se les cou-
poient. Les François, en se faisant
des Rois, les prirent dans les familles *Cheveluës*, plus distinguées
que les autres par une valeur héréditaire qui se trouvoit en elles.

Quand j'ai dit, page 64. que
dès le onziéme siécle les Dames af-

fecterent , en imitant les hommes ,
de ne paroître dans le Public qu'en
équipage de Chasse , c'est-à-dire, à
Cheval avec l'Oiseau au poing , j'ai
oublié de dire d'où je croi qu'il faut
prendre l'époque , commençant
des libertez dont elles ont joüi depuis , qui sont de pouvoir prendre
part à ces divertissemens , qui semblent n'être faits que pour les hommes.

Si nous accordons aux Maures
d'Espagne d'être les inventeurs des
Tournois & des Carousels, il faut
croire que nos braves avanturiers
François , successeurs de Rolland ,
qui depuis Charlemagne allerent
faire la guerre en ce Pays , en rap-
porterent l'usage de ces Jeux guerriers , & qu'à l'exemple des galants
Maures qui y combattoient à la
vûë de leurs Dames , & recevoient
d'elles la récompense de leur
adresse , les Cavaliers François se
firent de même un devoir de poli-

tesse d'initier les Dames dans tous leurs Exercices de plaisirs , soit Chasses , Tournois , & autres Cavalcades publiques ; & comme elles étoient obligées d'être à Cheval dans toutes ces occasions , les voitures roulantes n'étant point encore d'usage , la necessité les rendit si bonnes Cavalieres qu'elles mettoient le pied à l'étrier aussi aisément que celle d'à présent le mettent dans le Carosse. Les Rois nommoient des *Dames* pour accompagner les Chevaliers qui combattoient dans les Tournois : leur présence encourageoit ces braves , & elles étoient leurs Juges pour la valeur.

Une Reine faisoit son Entrée à Cheval dans une Ville , accompagnée de ses Dames Suivantes montées de même. On députoit des Dames à *Haquenées* pour aller au devant d'une Princesse que l'on vouloit honorer. Dans l'Histoire des Grands Officiers de la Couronne , il eſt fait mention d'une *Jeanne de Rouvroy de Saint Simon* , ſurnommée la *Blanche* , laquelle fut une des douze Dames à *Haquenée* , qui vétuës de drap d'or accompagnerent la Du-cheſſe de Bourgogne lorſque cette Princeſſe fut à Beſançon l'an 1442 pour y recevoir l'Empereur Frederic.

Les deux Miniatures de la Chambre des Comptes , que j'ai déja citées font voir que les Dames aſſiſtoient aux grands Chaſſes : el-les prenoient même part dans les actions de Guerre. Le Sieur de Brantome nous apprend que ſous le regne d'Henry III. les Dames de la Cour ſe partagerent d'inte-rêt ; que les unes prirent le parti du Roi , & les autres celui de la Ligue , & que cela ſe connoiſſoit par la ma-niere dont elles arrangeoient les Plumes de leurs Bonnets , qu'elles attachoient les unes à la *Gibeline* , &

les

les autres à la *Guelfe*, par allusion aux deux grandes factions qui sous ces noms désolerent l'Italie & l'Allemagne pendant les differends des Papes avec les Empereurs de la Maison de Suabe.

L'amour & l'ambition sont des passions qui agissent également sur l'un & l'autre sexe ; mais il faut dire à l'avantage des femmes, que celles qui ne sont point violentées par ces passions, & qui sur cela sçavent se contenir dans de justes bornes, sont ordinairement doüées d'autres belles qualitez, qui servent à ne les rendre en rien inferieures aux hommes. L'amour outré dégenere en fureur, on sacrifie tout à une ambition désordonnée ; au lieu que l'amour moderé, sur tout dans une personne qui joint à cela certaine grandeur d'ame, produit toûjours en elle la valeur & la generosité. Il ne faut donc point s'étonner si l'on voit des Dames se

plaire aux mêmes exercices prati-
quez par les hommes, comme de
chasser, de danser, & de monter à
cheval avec grace ; & si l'on en a
vû d'autres se distinguer dans des
combats où elles avoient été atti-
rées , soit pour venger leur réputation , ou soit pour y accompagner
ce qu'elles aimoient. Combien d'e-
xemples ne pourrai-je point donner de celles qui touchées de pareils sentimens , mêlez d'autres
aussi nobles , sont mortes les armes à la main. Mais sans remonter
pour cela aux tems des *Panthées*, des
Zenobies, & de ces fameuses Reines
d'un prétendu Peuple de femmes
que je croi aussi chimerique que
les *Psylles* dont un Auteur moderne
a voulu nous donner la vraye position , * le mémorable Siege d'Os-

* C'est une erreur de croire qu'il y ait eu
des Peuples entiers du nom de *Psylles* &
d'*Ophiogenes* ; ceux qui eurent ce nom dans
l'Antiquité n'étoient que des *Jongleurs*,
des *Empiriques* , & autres Charlatans de

rende commencé en l'année 1601 fournit un de ces exemples digne d'être éternisé. Les Espagnols ayant donné un assaut à cette Ville, il se trouva parmi leurs morts un Amant avec sa Maîtresse, qui tous deux avoient été tuez combattant ensemble.

Le Livre qui a pour titre l'Histoire de Mademoiselle de *la Charce*, de la Maison de la Tour-de-Gouvernet, contient un fait aussi sin-

tout Pays, répandus par tout, qui exerçoient également & la Sorcellerie, & la Medecine. On se servoit d'eux dans les maladies comme nous nous servons souvent par caprice de nos Charlatans préférablement à de bons Medecins : aussi le sobriquet de Mangeur de Serpent, ou de Race de Serpent, ce que signifioit les deux termes Grecs qui formoient le nom d'*Ophiogene* leur convenoit bien, & est encore celui par lequel nous pourrions appeller tous nos vendeurs de Mytridates, & nos faiseurs de Tours de Passe-passe, qui sçachant si adroitement badiner & user de toutes sortes de Bêtes venimeuses, semblent par-là avoir quelque affinité avec elles.

gulier que véritable , & qui me ser-
vira encore à montrer que l'amour
dans les personnes bien nées les
conduit à la valeur quand l'occasion s'en présente. La Demoiselle
dont je parle avoit été aimée du
Comte de *Caprara* , pendant que
l'un & l'autre étoient à Paris ; ils
s'étoient même promis mutuelle-
mens de s'épouser : mais dans la
suite le Comte engagé dans un ser-
vice étranger manqua à sa parole.
La Demoiselle se crut outragée , &
en conserva un tel ressentiment
qu'en 1694. l'occasion s'étant pré-
sentée de se venger de son infidel
Amant, elle le fit , mais d'une maniere fort généreuse. Le Comte ,
qui pour lors étoit Général des
Troupes de l'Empereur en Italie ,
s'avançoit pour faire une irruption
en Dauphiné. Mademoiselle de la
Charce s'étant mise à la tête de ses
Domestiques , & des Paysans du
lieu de son séjour , fut au devant

du Comte, & l'arrêta si long-tems dans un défilé, qu'elle donna le tems aux Troupes du Roi de venir à son secours. L'action de cette Demoiselle, qui ne devoit son triomphe qu'à l'amour, fut trouvée si belle, qu'elle lui mérita une pension de la Cour.

Les deux exemples que je viens de rapporter doivent suffire pour montrer que ce n'est pas par un goût nouveau que les Dames ont l'inclination guerriere, & qu'elles sçavent se servir d'Armes & de Chevaux pour l'execution des choses que les hommes croyent faussement être réservées à eux seuls. Et quant à la maniere dont elles ont monté sur ces Chevaux dans les differens tems, soit pour voyager, ou pour chasser, nous l'apprenons encore du Sieur de Brantome, que j'ai déja cité, qui dit que celles de son tems y montoient dans leurs habits d'*Amazones* avec le Bonnet chargé de Plumes sur le coin de l'oreille, étant affifes dans une Selle qui leur tenoit le corps en face du Cheval, une jambe tenduë & l'autre racourcie ; ce qui étoit plus avantageux pour celles qui avoient la jambe bien faite que la mode anterieure, où une Dame en s'affifant tout-à-fait en Selle avec une planchette pofée fous les pieds, qui lui tenoit les jambes égales, & par confequent entierement cachées, avoit plûtôt l'attitude d'une *None* que d'une Cavaliere prête à faire le coup de main. On prétend que ceft *Chriftine* de Dannemarck, Duchefle de Lorraine, qui environ le tems du Roi François I. inventa la maniere galante d'être à Cheval avec une jambe plus allongée que l'autre.   F I N.

APPROBATION.

J'Ay lu par ordre de Monfeigneur le Garde des Sceaux l'Eloge hiftorique de

la Chasse. A Paris le 19 Avril 1734.
Signé, LA SERRE.

PRIVILEGE DU ROY.

LOUIS par la grace de Dieu, Roy de Fran-
& de Navarre: A nos amez & feaux Conseil-
lers les Gens tenans nos Cours de Parlement,
Maîtres des Requêtes ordinaires de nôtre Hôtel,
Grand-Conseil, Prevôt de Paris, Baillifs, Séné-
chaux, leurs Lieutenans Civils, & autres nos
Justiciers qu'il appartiendra : Salut. Nôtre amé
le Sieur * * * Nous aant fait supplier de lui accorder nos Lettres de permission pour l'impression d'un *Eloge historique de la Chasse par le Sieur
Beneton de Perrin*, offrant pour cet effet de le faire
imprimer en bon papier & beaux caracteres,
suivant la feüille imprimée & attachée pour
modele sous le contre-scel des présentés. Nous
lui avons permis & permettons par ces présentes
de faire imprimer ledit Livre cy-dessus spécifié,
conjointement ou séparément, & autant de fois
que bon lui semblera, & de le faire vendre &
débiter par tout notre Royaume pendant le tems
de trois années consecutives, à compter du jour
de la date desdites présentes ; faisons défenses à
tous Libraires Imprimeurs, & autres personnes,
de quelque qualité & condition qu'elles soient,
d'en introduire d'impression étrangere dans aucun lieu de notre obéïssance, à la charge que ces
présentes seront enregistrées tout au long sur le
Registre de la Communauté des Libraires & Imprimeurs de Paris dans trois mois de la date d'i-
celles ; que l'impression de ce Livre sera faite
dans nôtre Royaume, & non ailleurs, & que
l'impetrant se conformera en tout aux Reglemens
de la Librairie, & notamment à celui du 10 Avril

1723 & qu'avant que del'expofer en vénté, le ma-
nufcrit ou imprimé qui aura fervi de copie à l'im-
preffion dudit Livre fera remis dans le même état
où l'Approbation y aura été donnée ès mains de
nôrre très-cher & feal Chevalier Garde des Seaux
de France le fieur Chauvelin, & qu'il en fera enfuite remis deux exemplaires dans nôtre Biblio-
theque publique, un dans celle de nôtre Château
du Louvre, & un dans celle de notre très-cher &
feal Chevalier Garde des Sceaux de France le
fieur Chauvelin, le tout à peine de nullité des
préfentes : du contenu defquelles vous mandons
& enjoignons de faire joüir l'Expofant ou fes
ayant caufe, pleinement & paifiblement, fans
fouffrir qu'il leur foit fait aucun trouble ou em-
pêchement. Voulons qu'à la copie defdites préfentes, qui fera imprimée tout au long au commencement ou à la fin dudit Livre, foi foit ajoû-
tée comme à l'original. Commandons au premier
notre Huiffier ou Sergent de faire pour l'execution d'icelles tous Actes requis & neceffaires, fans
demander autre permiffion, & nonobftant cla-
meur de Haro, Chaite Normande, & Lettres à ec
contraires. Car tel eft nôtre plaifir. Donné à Ver-
failles le 16. jour de Juillet l'an de grace 1734 &
de nôtre regne le 19. Par le Roy en fon Confeil,
SAINSON.

Régiftré fur le Regiftre VIII. de la Chambre
Royale & Syndical de la Librairie & Imprime-
rie de Paris, N. 736, conform. aux Regl. qui fait
deffenfes art. 4. à toute perfone de quelque qualité & cond. qu'elles foient, autres que les Libr.
Impr. de faire afficher aucuns livres pour les vendre en leurs noms, foit qu'ils s'en difent les Auteurs ou autrem A la charge de fournir les Exemplaires prefcrits par ledit Reglement. A Paris ce
17. Juillet 1734. G. MARTIN, Syndic.